U0363989

DOGS AND CATS

狗聪明还是猫聪明？

[美]史蒂夫·詹金斯 著

曾菡 译

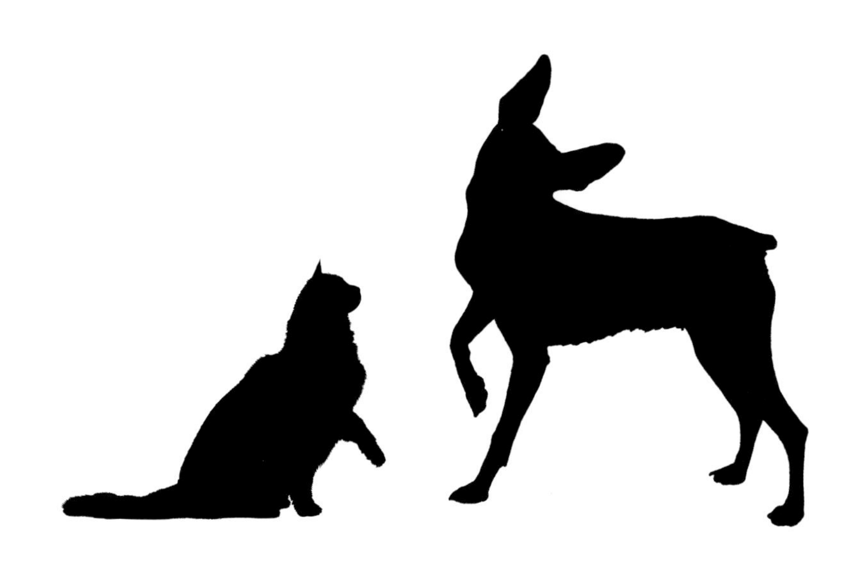

新 星 出 版 社　NEW STAR PRESS

献给杰米、杰夫和西奥

著作版权合同登记号：01-2017-7580

图书在版编目（CIP）数据

狗聪明还是猫聪明？／（美）史蒂夫·詹金斯著；曾茵译．—— 北京：新星出版社，2018.8（2021.4重印）
ISBN 978-7-5133-2926-2

Ⅰ．①狗… Ⅱ．①史… ②曾… Ⅲ．①猫－普及读物 ②犬－普及读物 Ⅳ．①S829.3-49②S829.2-49

中国版本图书馆CIP数据核字(2018)第027176号

狗聪明还是猫聪明?
[美]史蒂夫·詹金斯 著
曾 茵 译

责任编辑 汪 欣
特邀编辑 涂晓雪 余雯婧
装帧设计 陈 玲
内文制作 陈 玲
责任印制 廖 龙
出 版 新星出版社 www.newstarpress.com
出 版 人 马汝军
社 址 北京市西城区车公庄大街丙 3 号楼 邮编 100044
电话 (010)88310888 传真 (010)65270449
发 行 新经典发行有限公司
电话 (010)68423599 邮箱 editor@readinglife.com
印 刷 北京盛通印刷股份有限公司
开 本 787mm × 1092mm 1/12
印 张 4
字 数 7千字
版 次 2018年8月第1版
印 次 2021年4月第4次印刷
书 号 ISBN 978-7-5133-2926-2
定 价 46.80元

有自己的想法

猫真是难以捉摸的动物。可能这一秒它还很温柔友善，对你很亲热，下一秒就变得冷漠神秘，对你爱理不理了。猫是世界上最受欢迎的宠物之一。它们也是近乎完美的捕食者，行踪神秘，行动迅速，并拥有令其他动物望尘莫及的灵敏感官。那么，这些凶猛而独立的猎手是如何成为我们的小伙伴的呢？是什么让它们变成现在这个样子？

如果你想了解关于狗的内容，就把本书翻转到另一面。

各种各样的猫

无论大小，所有的猫都是天生的猎手。野猫必须捕猎才能生存，它们也非常善于捕猎。事实上，人类养猫的初衷就是因为猫是猎杀鼠和蛇的专家。这些纯种工作猫的毛很短，这样在狭小的空间里就不容易被挂住。后来人类开始把猫当作玩伴，才出现了长有长长的奢华皮毛的猫。

经过100多年的培育，猫已经分化出了许多不同的特征。有的耳朵很奇怪，有的没有尾巴，有的毛色很特别。现在家猫有40多个品种。

所有的家猫，也就是“宠物猫”，都来自同一物种。所以，任何一对公猫和母猫都可以配对和繁殖后代。猫的体形大小都差不多。为什么没有出现和大型犬一样的大型猫呢？其中一个原因可能是猫科动物具有强大的狩猎本能，要是家里养着一只大型犬那么大的猫，就很危险。

虎斑猫

苏格兰折耳猫

在哺乳动物中，狗有最多样的外观和体形。

近年，人们培育出了一个新品种的猫——斯芬克斯猫（也称为“加拿大无毛猫”），这种猫看上去似乎全身都光秃秃的，但其实它有短而软的胎毛。斯芬克斯猫通常住在室内，因为它的“外套”几乎完全不能保暖。这类异常特性的出现叫做基因突变，偶尔会发生在野猫身上。但这种突变不利于野猫生存，一只全身几乎没有毛的猫在野外很快就会死掉，更别提繁殖后代并把这种特性遗传下去。

走出非洲

阿比西尼亚猫是现存最古老的猫类品种之一。这种猫来自北非，看起来很像埃及古墓绘画中的猫。阿比西尼亚猫有短短的毛和长长的腿，至今仍然备受人们的喜爱。最初，人们养这种猫是为了控制鼠患。在古埃及，猫是很珍贵的动物，有的猫甚至被供奉为神。杀猫会被判处死刑，而且将猫带离埃及也是违法的。尽管如此，还是有水手偷偷把猫藏在船上带走了，这才让猫从非洲扩散到亚洲，再到欧洲。世界各地的人们把猫带进家门，才使猫的品种越来越丰富。

萨卢基猎犬是最古老的狗类品种之一。

除了体形大小的差异，所有猫科动物都非常相似——家猫在外观和行为上与狮子、老虎和豹十分相似。这是因为猫科动物已经进化成了近乎完美的“狩猎机器”。

野猫

我们的宠物猫是非洲野猫的直系后代。这种凶猛独立的猎手生活在北非的沙漠里。它比家猫稍微大一点，夜间狩猎，以小型哺乳动物、鸟类和爬行动物为食。

与狗以及其他大多数食肉动物一样，猫科动物也有领地意识——它们会捍卫自己的狩猎场。一只老虎的领地可能覆盖数百平方千米，而家猫则会守卫主人的后院。

第一种像猫一样的动物出现在约3000万年前，它们与现在的宠物猫差不多大。

所有的狗都是灰狼的后代。

紧盯老鼠

猫科动物通常很安静，是神出鬼没的猎手。它们很少与人类产生交集，除非我们某个可怜的祖先不幸成为狮子或剑齿虎的美餐。

人类依靠迁徙、狩猎和采集食物生存了数千年。大约在1万年前，非洲和中东的人们开始居住在城镇和乡村中。他们种植庄稼，储藏粮食。很快，储藏的谷物引来了鼠类——它们吃掉了大量珍贵的粮食，鼠类又引来非洲野猫这种神秘、聪明且不惧怕生活在人类附近的猎手。

人们发现，当猫在附近活动时，来偷吃粮食的有害动物明显减少。最初人们只是让野猫居住在房子周围捕鼠，然后有些人开始养猫，很有可能是把猫窝里的小猫带回家照顾和喂养。人们喜欢娇小可爱、脾气温和且善于捕捉老鼠的猫。约4000年前，猫咪们已经居住在人们的家中和谷仓里了——它们已经被驯化。

猫科动物分为两大类：大型猫科动物和小型猫科动物。

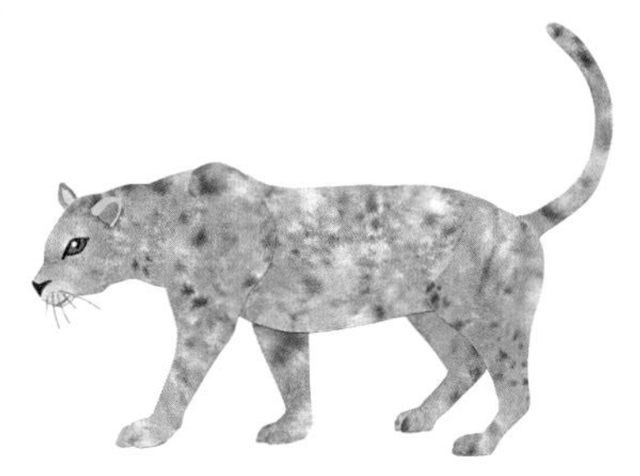

大型猫科动物包括狮子、老虎、美洲豹和上图所示的猎豹。大型猫科动物能吼叫，小型猫科动物则不能。

上图的猞猁，还有家猫、豹猫、渔猫和其他种类的野猫都是小型猫科动物。不会吼叫的美洲狮也是小型猫科动物，尽管它的体形比猎豹还大一些。

我知道我喜欢什么

大多数猫都独自狩猎。这可能是人们常常认为猫很冷漠的原因之一。其实，猫咪也可以很合群。它们很享受人类和其他猫咪的陪伴。

猫很有主见，爱憎分明。它们可能会挑剔睡觉的地方和食物，也会明确表达是否想要主人的爱抚和拥抱。猫用表情、肢体语言、声音和气味来表达感受。

除了狮子，野外的猫科动物都独自生活。所以，与狗不一样，猫不需要用各种方式来表达“我想和大家在一起”。它们经常传达的信息是“离我远一点”。当感受到威胁时，猫会弓起背，竖起毛，发出嘶嘶声，这样能让它看起来体形更大、更有威慑力。

狗是社会性动物，有很多表达感情的方式。

当猫蹭一个人的腿时，不仅是在向这个人示好，更是用脑袋上的气味腺在这个人身上留下记号，告诉其他猫："这个人现在属于我了。"

尾巴高高翘起表示猫很快乐。

摆动尾巴是一种警告，你现在最好离猫远一点。

一只猫发出呼噜声，同时耳朵向前耷拉着，眼睛半闭着，说明它此刻感觉舒适和安全。

尾巴紧贴身体是猫觉得不安全的表现。

从小猫咪到成年猫

刚出生的小猫双目紧闭，脆弱无助。全靠猫妈妈把它舔干净，喂养它，保护它。小猫用与生俱来的嗅觉来寻找乳汁，每次都吮吸同一个乳头。一只小猫每天花8个小时来吃奶，其余的时间都在睡觉。

同时出生的一窝猫崽通常有4～5只，偶尔也会多达12只。

幼犬出生时也一样脆弱无助。

小猫会在出生一周后睁开眼睛。约四周大时，它们开始和兄弟姐妹一起玩耍，探索周围的环境。小猫喜欢追踪、跳跃和用爪子拍打物体。这是在练习狩猎技能。小猫天生就会狩猎，不需要学。但它们不知道如何快速有效地杀死猎物，而这将由猫妈妈传授给它们。小猫长到六个月大时，就可以繁衍自己的后代了。一周岁时，小猫就已经发育完全了。

在小猫出生后的几天里，猫妈妈经常把小猫搬来搬去，这是为了防止公猫或其他食肉动物伤害小猫。猫妈妈用牙齿轻轻叼着小猫的后颈来搬运它们。猫爸爸不会来帮忙，它把养育后代的责任都推给了猫妈妈。

猫有什么特别之处?

不同于凭借超强耐力长距离追捕猎物的狗，猫是擅长伏击的猎手。它们悄无声息地靠近猎物，在隐蔽处等待着，看准时机，一跃而起，猛扑向猎物。猫的一切——身体、感官、反应能力，都帮助它们成为更高效和更致命的猎手。

猫不像人那样能看到丰富的色彩或是远处的细节，但它们的双眼对运动的物体非常敏感。它们非常擅长判断附近物体的远近距离。猫在昏暗的光线下也能看得很清楚。

猫的嗅觉灵敏，虽然比不上狗，但也比人灵敏得多。

猫的口腔的最前方有四颗又长又尖的牙齿，专门用来迅速地咬住猎物的脖子。其他牙齿则用于将肉撕咬成能吞咽的小块。

猫用爪子来捕猎和攀爬。它们还在树上或栅栏上留下爪痕来标记领地。猫平时会把锋利的爪子藏在肉垫里，使用时才亮出来。再加上猫科动物强大的肩部肌肉和闪电般的反应能力，猫爪真是可怕的武器。

猫的听觉比狗的灵敏。它们有一双会动的耳朵，可以定位声音的来源。猫可以听到非常微弱的声音，例如它们的猎物啮齿类动物制造出的声音。

猫的身体中最与众不同的是它们那异常灵活的脊椎，使它们拥有惊人的平衡感和运动天赋。

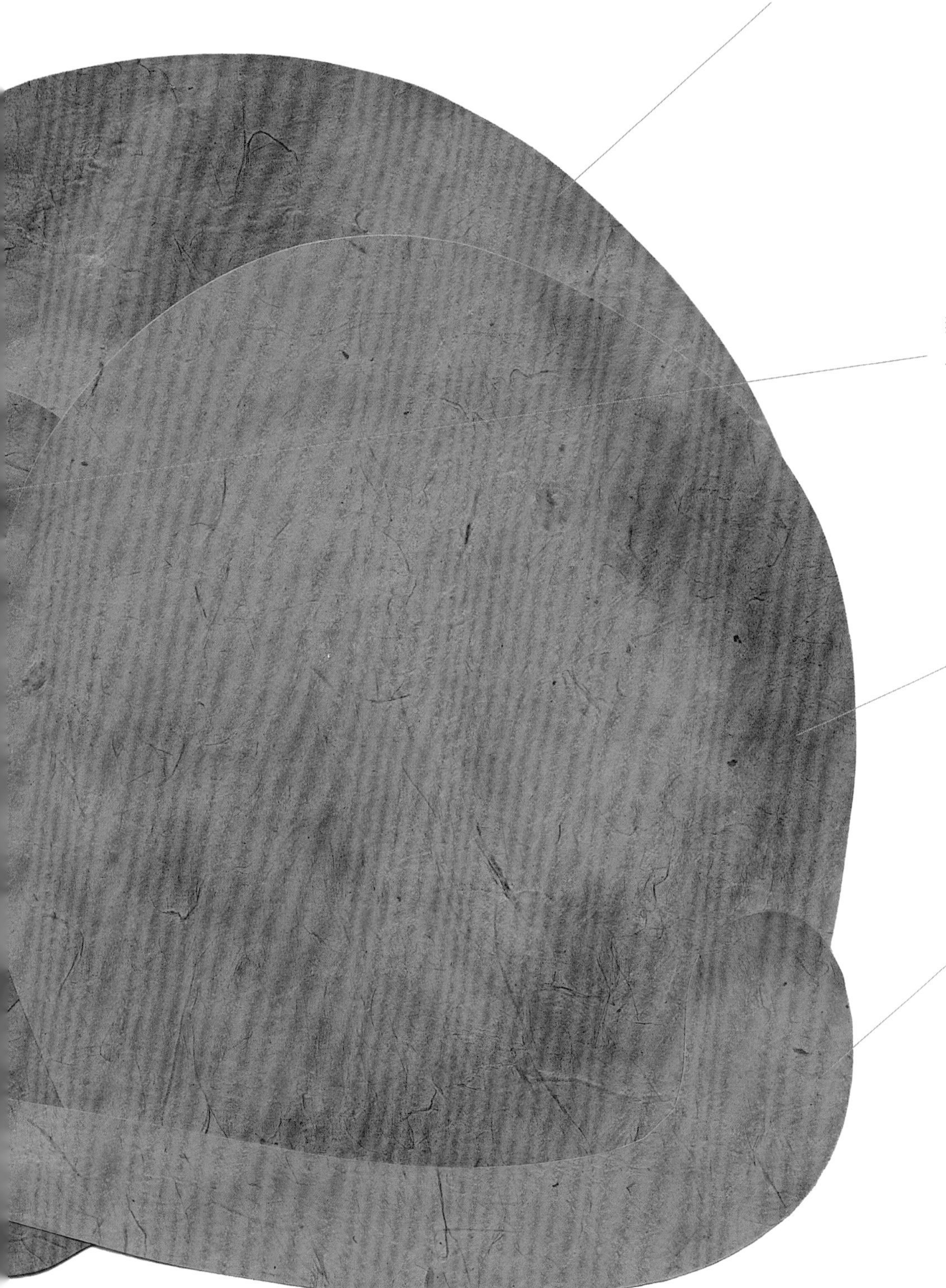

猫的胡须很敏感。胡须可以帮助猫在黑暗中探路，甚至能探测温度和风向。

猫毛可以保暖和保护猫的皮肤。

猫用尾巴来保持平衡，与其他猫交流。

狗通过鼻子来“看”世界。

我很好奇

猫拥有一些不寻常的能力，有时它们会做出一些我们无法理解的行为。然而，这些行为对在野外生活的猫科动物很重要。我们的宠物猫正在做的事情，曾经帮助它们的野生祖先存活了数百万年。

为什么猫会发出呼噜声?

猫是唯一会发出呼噜声的动物。我们尚不确定猫是如何发出这种轻柔而稳定的震动的。大多数人都知道猫在满足放松时会发出呼噜声。但实际上猫在害怕或受伤时，也会发出呼噜声。发出呼噜声是猫舒缓情绪、放松心情的方式，能帮助猫应对紧张的局面，抚慰受伤的猫咪。

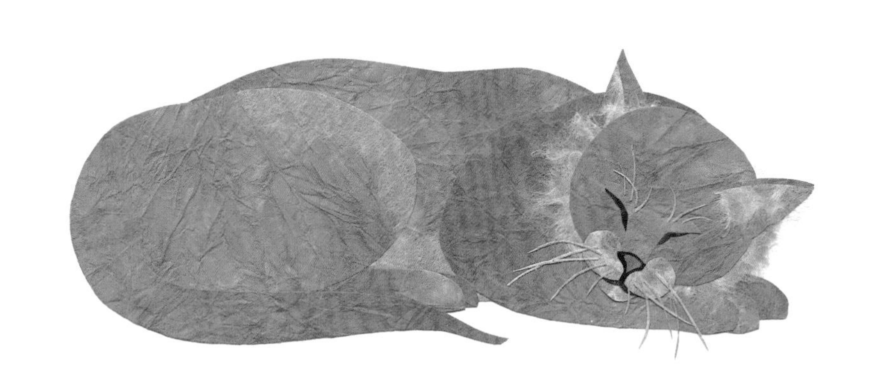

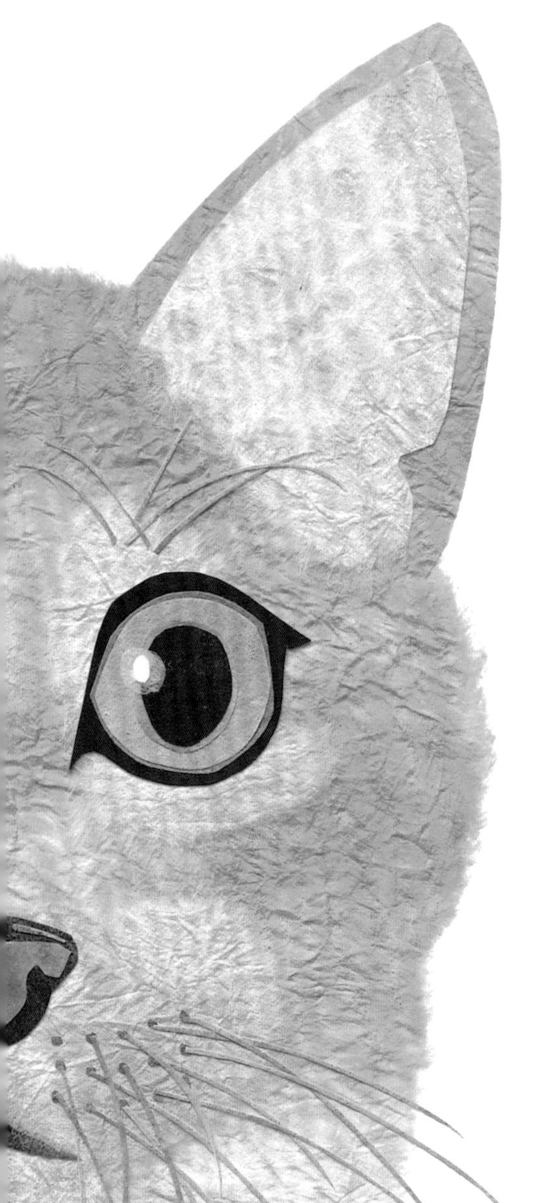

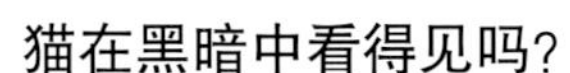

猫在黑暗中看得见吗?

猫在非常昏暗的光线下也看得见，但不包括在全黑的环境中。猫只需人类视觉所需亮度的六分之一，就能看到物体。猫的眼球内有特殊的反光照膜，会将外界的微弱光线重新返回到视网膜上，提高对光线的利用率。在夜里，当汽车前照灯光照射到猫的眼睛时，猫眼里闪过的奇怪的绿光就是照膜反射出的光线。

猫为什么那么嗜睡?

猫一天睡16个小时，比大多数哺乳动物睡得都多（蝙蝠和树懒比猫睡得更多）。这可能源自它们的野外生活方式。猫科动物需要足够的休息才能在捕猎时高速移动和产生爆发力。家猫在很多行为上都像它们的野生亲戚。

猫为什么会追逐自己的尾巴?

你可能曾经见过一只猫转圈，试图抓住自己的尾巴。在野外，猫科动物大部分时间都在睡觉或安静地躺着。当它们行动时，往往是瞬间爆发，猛地扑向猎物。家猫可以从碗中得食物，但它们仍然享受这种狩猎行为。

猫总是四脚同时落地吗？

当猫从高处跌落或是肚皮朝上地被扔下时，它会用平衡能力和灵活的脊椎迅速翻转过来，然后四脚着地。然而，从很矮的地方摔下来时，猫可能会真的受伤，因为它没有时间翻转身体。如果是从十层楼高的建筑物上跌落，它会在空中放松身体，伸展四肢，以减缓下落的速度。尽管这样，猫仍可能会受伤或死亡，但猫的存活率要比其他动物高很多。

狗为什么埋骨头？

猫为什么抓挠家具？

不是所有的猫都喜欢挠家具。有些猫喜欢挠树，还有些猫受训之后会去挠猫抓柱。它们这么做是为了磨掉爪子上的倒刺和钝旧的角质层，保持爪尖锋利。猫也会留下爪痕告诉其他猫："这是我的地盘！"

猫比狗聪明吗？

这取决于我们怎么定义"聪明"。与狗不同，猫通常只做自己想做的事。狗已经进化成了社会性成员，可能有更多的方式表达自己。它们也比猫更能理解和遵循人类的指令。然而，许多猫主人认为，猫的独立性、对周围环境的敏感度和出色的捕猎能力，都意味着猫比狗更聪明。

神奇的猫咪

猫能以50千米/时的速度奔跑。

猫没有锁骨，所以它可以调整身体通过一个很小的洞——只要这个洞比它的脑袋大一点就行。

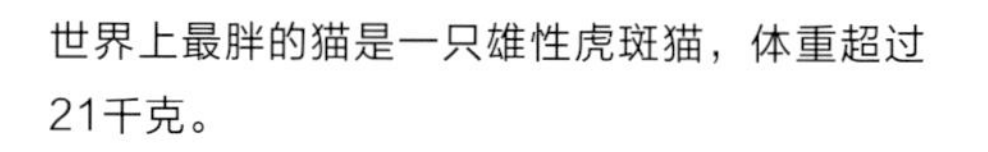

世界上最胖的猫是一只雄性虎斑猫，体重超过21千克。

猫的平均体重为4.5千克。

一只雌猫每四个月就能产下一窝小猫。目前已知有只猫在一生中共产下了420只小猫。

猫要花约三分之一的清醒时间用舌头舔毛。大多数对猫毛过敏的人实际上是对猫毛上的干唾液过敏。

所有小猫刚出生时眼睛都呈灰蓝色。

猫的舌头上布满了微小的倒刺。猫用舌头喝水、清理皮毛，以及分离骨头上的肉。

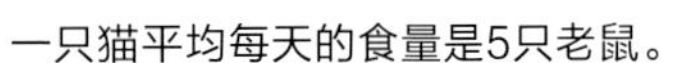

一只猫平均每天的食量是5只老鼠。

猫尝不出甜味，也不爱吃甜食。

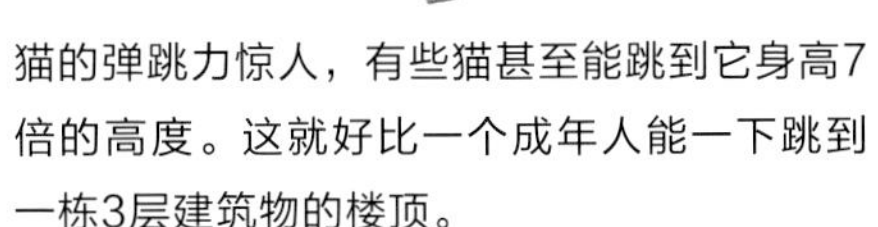

猫的弹跳力惊人，有些猫甚至能跳到它身高7倍的高度。这就好比一个成年人能一下跳到一栋3层建筑物的楼顶。

纽芬兰犬长有蹼状脚。

在中世纪，迷信的人们认为猫与女巫和恶魔有关，于是大量的猫被杀了。直到16世纪，由携带跳蚤的老鼠传播的黑死病横扫欧洲，造成数百万人死亡，猫才再次受到人们的欢迎。因为人们意识到猫可以迅速有效地减少老鼠的数量。

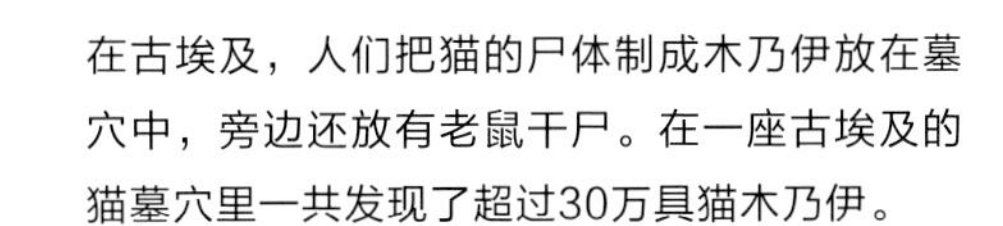

在古埃及，人们把猫的尸体制成木乃伊放在墓穴中，旁边还放有老鼠干尸。在一座古埃及的猫墓穴里一共发现了超过30万具猫木乃伊。

有许多公式可以将猫的年龄折算成人类的年龄。这里有一个简单的公式：

猫的第一年= 人类16年

猫的第二年= 人类7年

猫之后的每一年= 人类4年

这样，一只4岁的猫的年龄=（16 + 7 + 4 + 4），也就是人类的31岁。

猫的平均寿命为16岁，相当于人类的79岁。

世界上最长寿的猫“老大爷”活了34岁零2个月，这相当于人类的151岁。你猜，它是小猫咪时就被叫作“老大爷”了吗?

蓝眼睛的白猫通常是聋的。白猫很容易被晒伤。

世界上有5亿多只家猫——比其他任何宠物的数量都多。而全球约有4亿只宠物狗。

狗聪明还是猫聪明？

DOGS AND CATS

[美]史蒂夫·詹金斯 著

曾菡 译

新 星 出 版 社　NEW STAR PRESS

献给杰米、杰夫和西奥

本书的插图都是用剪纸和撕纸工艺拼贴而成，使用了很多纯手工制成纸张，分别来自埃及、法国、印度、意大利、日本、墨西哥、尼泊尔、泰国、菲律宾和美国。

人类最好的朋友？

为什么狗能和人类和睦相处呢？它们真的是我们忠诚而善解人意的朋友吗？狗和人类共同生活了上万年，是第一种被人类驯化的动物。狗也是天生的食肉动物。它们有着强壮的身体、锋利的牙齿和敏锐的感官。为什么曾经凶猛的野生猎手能与我们共同生活呢？

如果你想了解有关猫的内容，就把本书翻转到另一面。

所有家猫的体形相差不大。

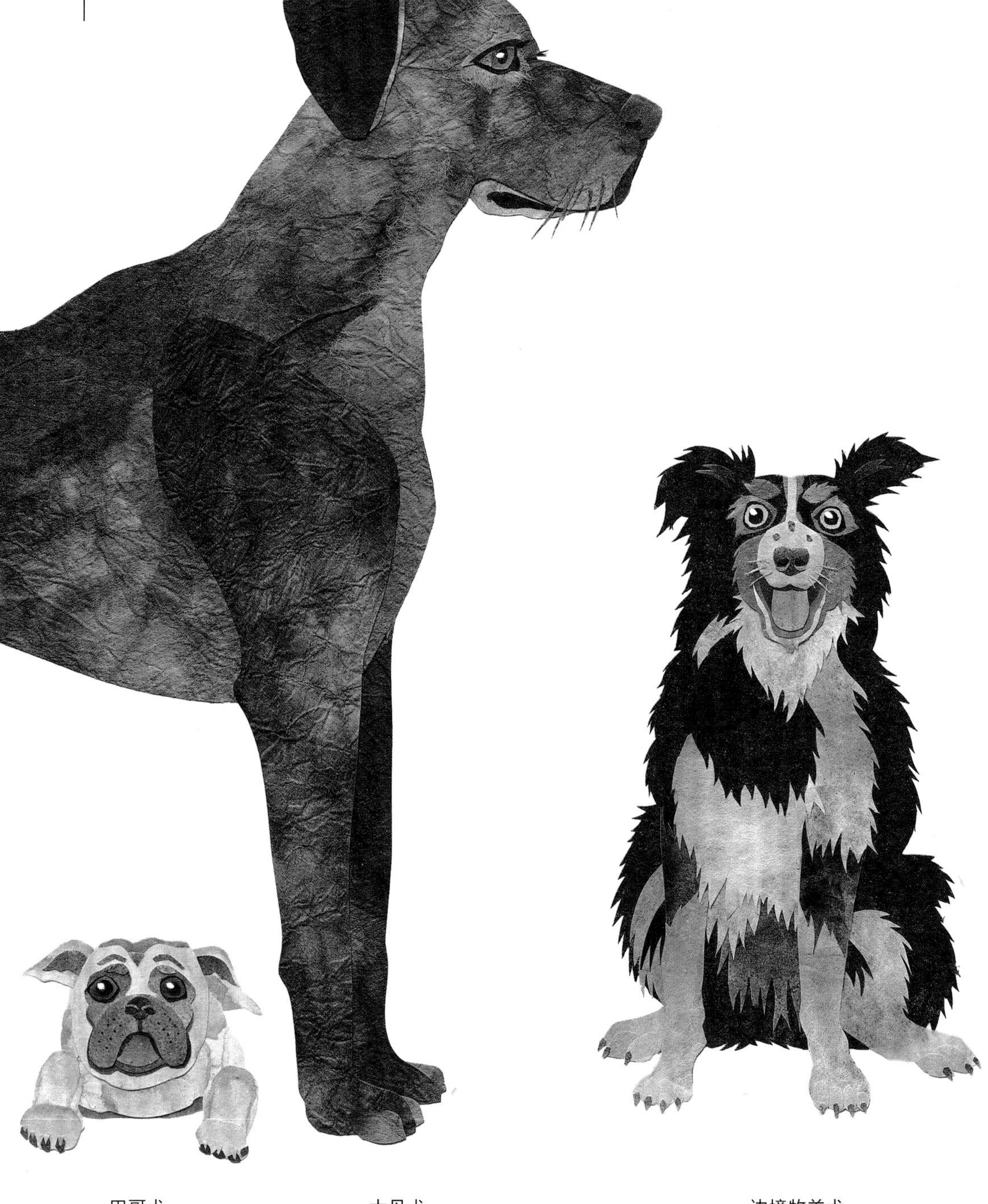

巴哥犬　大丹犬　边境牧羊犬　墨西哥无毛犬

大型犬，小型犬

和其他哺乳动物相比，狗在外观、体形和品种上的差异更大。早期的狗看起来十分像它们的近亲——狼，它们会帮助人类守护家宅和村庄。随着时间的推移，人们在训练狗放牧、狩猎和拉雪橇的过程中，培育出了不同品种的狗。但并不是所有的狗都是工作犬，有些狗就只是养来给人作伴的。

如今，许多人养狗只是因为喜欢狗的外表。有的狗体形很大，有的很迷你，还有的拥有特别的体长、毛色、花纹或夸张的特征，比如，巴哥犬有一张扁平的脸，腊肠犬有着长长的、矮矮的身体。

现在，世界上的狗有400多个品种。其中一部分依然是工作犬，如导盲犬、搜救犬和警犬，还有猎犬、牧羊犬和牧牛犬。不过，绝大多数的狗都是宠物犬。

布里牧羊犬　　沙皮犬　　迷你杜宾犬　　腊肠犬

如何培育一个品种?

萨卢基犬是现存最古老的犬类品种之一。这是一种视觉型狩猎犬，它们四肢修长，奔跑速度极快，用视觉代替嗅觉捕猎。6000年前，在中东开阔的平原上，人们利用视觉型狩猎犬来协助捕猎。

那么，早期的猎人们是如何培育出萨卢基犬的呢？其实，一开始并没有特定的对象。人们经常带着狗出去狩猎，发现有些狗在搜寻和捕猎活动中表现得更出色。拥有修长四肢和极佳视力的狗是最优秀的猎犬。人们精心照料这些珍稀的猎犬，所以它们更容易生存下来并繁衍后代。每一代新生小狗中，总是那些跑得最快、视力最佳的狗最受人们的喜爱。很多年之后，全新的品种——萨卢基犬就这样出现了。

在三英里（约合4.83千米）赛跑中，萨卢基犬是地球上速度最快的哺乳动物。

以同样的方法，经过无数代的优胜劣汰，用于放牧、看家、捕杀啮齿类动物或其他工作的狗逐渐进化出了最契合自己工作的体形和外观。

最早的家猫被专门用于捕鼠。

无论是什么品种，所有的狗都属于同一个物种。这就意味着不管公狗和母狗看起来有多不一样，它们都能配对并产下后代。狗主人精心选择具有特定体形、毛色或性情的狗交配，可以“造”出具有新特性的幼崽。

当狗主人试图培育特殊的品种或是强化某个品种的某种特征时，有可能会培育出有严重健康问题的狗。比如斗牛犬，这种狗常常存在呼吸和行走问题。

世界上大部分的狗都不是纯种。它们往往是好几个不同品种配对繁殖出来的，也就是所谓的“杂交狗”。杂交狗实际上都很聪明健康，脾气也很温和，许多狗主人甚至更偏爱这样的狗。

实际上，所有生活在陆地上的食肉哺乳动物，例如，狼、狗、猫、熊、鼬，都是一种生活在5500万年前被称为“细齿兽”的小型树栖哺乳动物的后代。

与小伙伴们愉快地玩耍

所有的狗都是灰狼的后代。灰狼是一种敏捷而强壮的捕猎者。它们身体强健，视觉和听觉发达，嗅觉灵敏，牙齿锋利，以“狼群”为单位活动。狼和大型犬差不多大，但狩猎时会集体合作，能捕杀驼鹿那么大的动物。狼群成员之间通过沟通和配合来挑选伴侣，养育后代，共同狩猎并避免内讧。每个狼群都有一只头狼作为领导者，并且拥有一套所有成员都必须遵守的规则。

与大多数狩猎动物一样，狼有很强的领地意识。狼群会在一个大范围的领地内生活和狩猎，抵御掠食者和其他狼群。

狗最初是从哪里来的呢？

至少在1.4万年前，狗就与人类共同生活了，而且时间还可能更久远一些。十几万年前，最早的现代人类——也就是像我们这样的人——生活在非洲大陆。狼很可能是被这些人扔掉的动物残骸和残羹剩饭所吸引。有些狼并不害怕居住在人类附近，而且它们发现，吃残羹剩饭比自己辛苦猎杀动物更容易。人类的营地成了这些狼的领地，它们开始守护营地免受其他野生动物的侵害。于是人们逐渐意识到有狼在周围是一件不错的事情。数千年来，狼始终保持野性，生活在人类居住区附近。然而，在某个时刻，可能有人从狼的巢穴中带走幼狼并将其喂养长大。其中，太凶残、攻击性太强的狼被杀死或驱逐了，被驯服的狼则留了下来，并繁衍后代。经过数千代的繁衍进化，这些动物已经不再是野生狼，它们变成了狗。

我们可爱的宠物猫全都与凶狠的非洲野猫关系密切。

郊狼

薮犬

耳廓狐

狗有许多野生亲戚，包括豺、郊狼、南美薮犬、灰狼和20多种狐狸。

谁才是老大？

狗和狼一样，都是群居动物。狗时刻都想知道自己在团队里的地位。两只狗相遇时，总要一决高下。更大或者更强壮的狗不一定能获胜。大狗经常会顺从于争强好斗的小狗，特别是当它们相遇的地点是小狗的地盘时。

狗能和人和睦相处的一个主要原因是它们天生想成为群体的一份子。宠物狗通常认为它们和主人是一个团队。让狗知道主人是它们的头领非常重要。如果一只宠物狗认为它才是团队领袖，那么对主人来说，这就麻烦了，甚至会很危险。

狗会用许多不同的方式来表达感情。它们用声音、表情、肢体语言和气味来与我们或其他狗交流。多多注意这些细节可以帮助我们理解狗的内心感受。

一只很快乐、很兴奋的狗会猛摇尾巴，脑袋高高扬起，同时张大嘴巴。有时它还会直起身子，用两条后腿站起来呢。

当一只狗俯下前半身，翘起后半身，尾巴不停摇动，就是在说：“我想玩！”

这只狗站得高高的，脑袋也昂得高高的，双耳竖起，龇牙咧嘴，这就是在说：“这是我的地盘！”

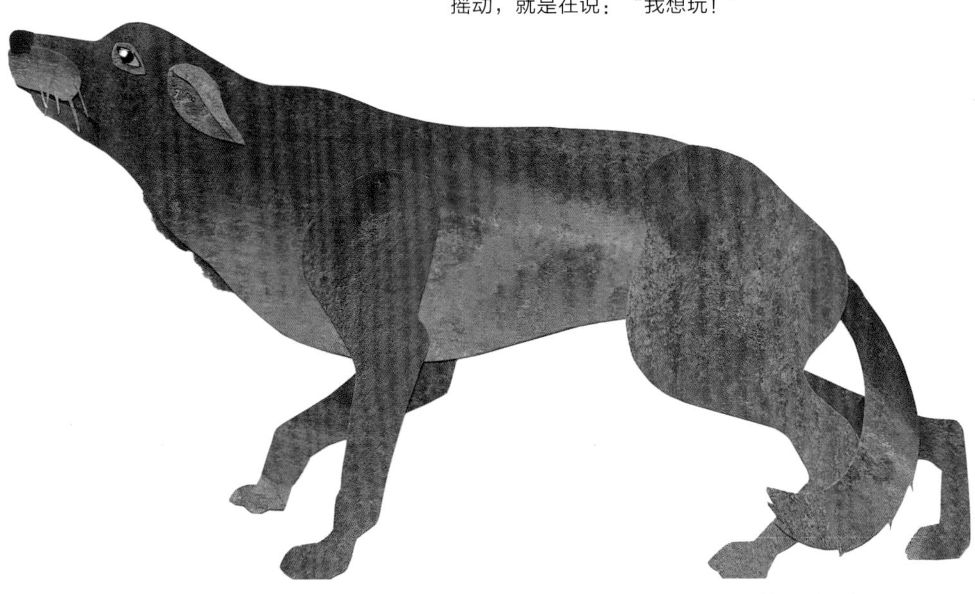

这只狗的身体呈蹲伏状，尾巴缩在双腿之间，双耳向后倾斜，嘴巴紧闭，就是在说：“好吧，你是老大。我一点儿也不想跟你打架。”

狗用声音来表达不同的情绪。它们哀鸣、呜咽、低吼、哮叫和尖叫。一声狗吠可能表达兴奋、高兴或是愤怒的情绪。

猫发出的许多信息都在表达同一个意思：“我想静一静。”

从幼犬到成犬

狗的一生最开始是一个娇小的、毛绒绒的生命，柔弱又无助。它的眼睛还未睁开，耳朵紧贴着脸。不过它的鼻子倒是从一出生就无比灵敏，帮助它找到第一顿美餐——狗妈妈的乳汁。

同胞出生的幼犬被称为“一窝”幼崽。平均一窝幼崽有6～7只，但也有特殊情况，一窝只有1只或多达20只。在小狗刚出生的头几个月里，狗妈妈负责照顾好小宝宝们，喂养、保护和教导它们。在这个过程中，一般没狗爸爸什么事。不过，要是狗宝宝们玩得太过头了，狗爸爸就会轻轻咬一咬它们，或是冲它们吼一吼。

当狗宝宝长到一两周大时，它就能睁开眼睛了，耳朵也不再紧贴着了。很快它就进入了需要吃固体食物的阶段，狗妈妈会把自己的食物咀嚼后再吐出来喂给狗宝宝。在一只小狗生命的最初几周，它几乎整天就是睡觉和进食。

当长到一个月大时，小狗开始对它周围的世界产生强烈的兴趣，并与兄弟姐妹一起玩耍。玩耍很重要，这是小狗学习狩猎以及如何与其他狗、人类相处的途径。

一周岁的狗就已经彻底成年了，可以繁殖自己的后代。

小猫和小狗一样，在刚出生时眼睛都紧闭着，非常柔弱无助。

狗有什么特别之处?

与用爆发式速度和力量来捕捉猎物的猫科动物不同，狗是耐力型猎手。为了追逐一只猎物，野狗可以一口气跑几千米，直到猎物筋疲力尽。它们利用敏锐的身体感官来搜寻和捕捉猎物，以及与同伴保持联系。

狗不是色盲，但与我们不一样，它们看不到那么多种颜色，也分辨不出颜色之间的细微差别。然而，它们擅长侦察移动的物体，拥有夜视能力，这些是优秀猎手必备的能力。

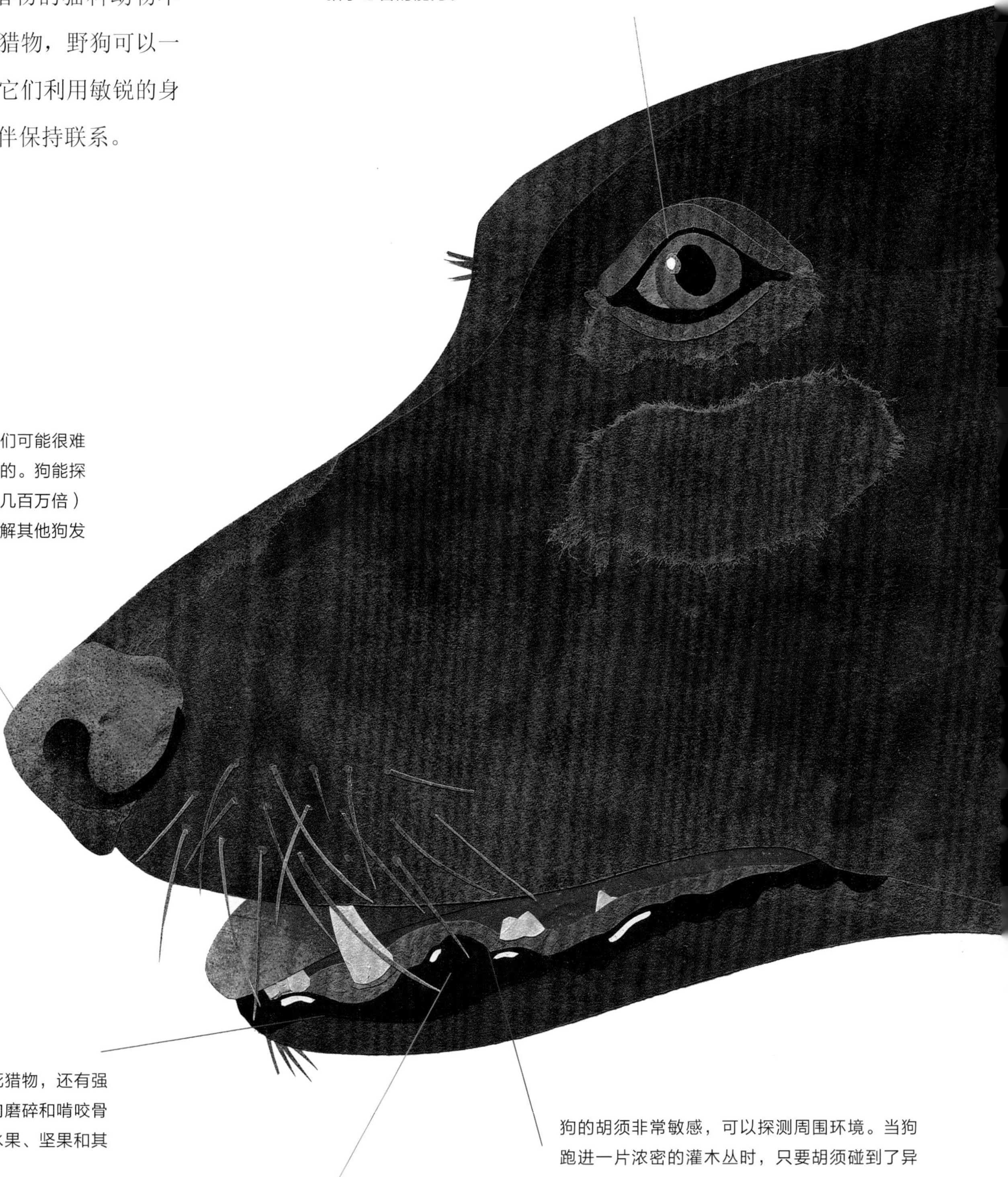

狗最重要的感官是无比强大的鼻子。我们可能很难想象，狗的确是通过鼻子来“看”世界的。狗能探测出比人类可感知气味弱数千倍（甚至几百万倍）的气味。狗凭嗅觉搜寻猎物、认路和理解其他狗发出的信息。

狗拥有锋利的前齿，可以咬紧和杀死猎物，还有强壮的、像剪刀一样的后齿，可以把肉磨碎和啃咬骨头。狗是食肉动物，但它们也会吃水果、坚果和其他植物性食物。

狗的胡须非常敏感，可以探测周围环境。当狗跑进一片浓密的灌木丛时，只要胡须碰到了异物，它就会立刻闭上双眼，避免眼睛被划伤。

狗的味觉没有人类那么好，但它的嗅觉弥补了这一点。

狗的听觉非常灵敏。它们能听到人类听不到的特别微弱的或是高频的声音。

狗用尾巴来保持平衡和表达情绪。

狗拥有强壮的骨骼和肌肉，以及一身厚实保暖、可以保护皮肤的皮毛。

狗用脚趾而不是脚掌走路。每只脚都有四个硬硬的肉垫作为减震器，并且帮助狗抓住地面。

猫的某些感官甚至比狗更发达。

我很好奇

狗有时会做出一些看起来很奇怪的行为。其中很多行为都是狗的祖先——狼遗留下来的。这些都是本能反应，狗天生就知道如何去做。如果我们了解这些行为是如何帮助它们的狼族祖先生存下来的，就会发现这些行为合乎情理。

狗为什么喜欢追球？

很少有狗能抵抗追着球奔跑的诱惑。狗的眼睛对运动物体非常敏感。当它看见一个运动的球时，它的狩猎本能瞬间被激发，驱使着它去追球，就像野狗追捕小动物那样。正因为这种狩猎本能，所以遇到一条有攻击性的狗时，千万不要当着它的面逃跑。

狗为什么会在粪便里打滚？

如果有机会，许多狗都会毫不犹豫跳进马粪或牛粪堆里打滚。这可能会让狗主人非常不高兴，但对狗来说这很有意义。野狗在狩猎时会在食草动物的粪便中打滚，以掩盖自己的气味，便于偷偷地追踪猎物。

狗为什么会冲着陌生人吠叫？

当狗冲着陌生人或陌生的狗吠叫时，其实是在捍卫自己的领地。它在说："这是我的地盘，你马上离开！"这种保护领地的本能正是人类最开始想要驯养狗的主要原因之一。

狗为什么很容易完成如厕训练？

一只训练有素的狗知道它不应该在家里大小便。它会去户外解决。我们应该从狗幼年时就教它在哪里大小便。不过，狗天生就知道不能弄脏自己的家。这是因为狗由穴居动物进化而来。如果它们在自己的巢穴里大小便，就会弄脏巢穴，不利于健康。

为什么猫喜欢睡懒觉？

狗为什么埋骨头？

当野狗杀死一只大型动物时，它们会尽可能一次性多吃一些，因为没吃完的猎物会被其他动物吃掉。所以，野狗会把吃剩的肉块埋起来，等饿了再挖出来吃掉。如果你家的狗把一根骨头埋在后院里，那是它正在模仿它的野生亲戚呢。

狗为什么吃草？

我们真的不知道为什么狗要这样做。它们可能喜欢草的味道，或者只是想咀嚼，也有可能是为了让胃舒服一点，或是吃了什么不对劲的食物，想通过吃草来催吐。野狗经常会吃掉捕获的食草动物的胃，而这些食草动物的胃里全都是草，所以植物也是野狗日常饮食的一部分。

狗比猫聪明吗？

这就要看我们说的是哪一种“聪明”了。狗已经进化成社会性动物，在与人交流的方面比猫表现得更好。它们比猫更能理解人类的语言和手势，更善于学习如何完成新任务。这些能力使许多狗主人相信狗比猫更聪明。

神奇的狗狗

圣伯纳德犬的平均体重最重。一只大型圣伯纳德犬可重达90千克。

平均体形最小的品种是吉娃娃。它只有18厘米高。但吉娃娃比其他品种的狗寿命更长，它能活18年甚至更久。

然而，世界上最小的狗是一只约克郡犬，它还不到12厘米高。

目前已知的最大的狗是一只名叫“大力士”的英国獒犬，它重达128千克。

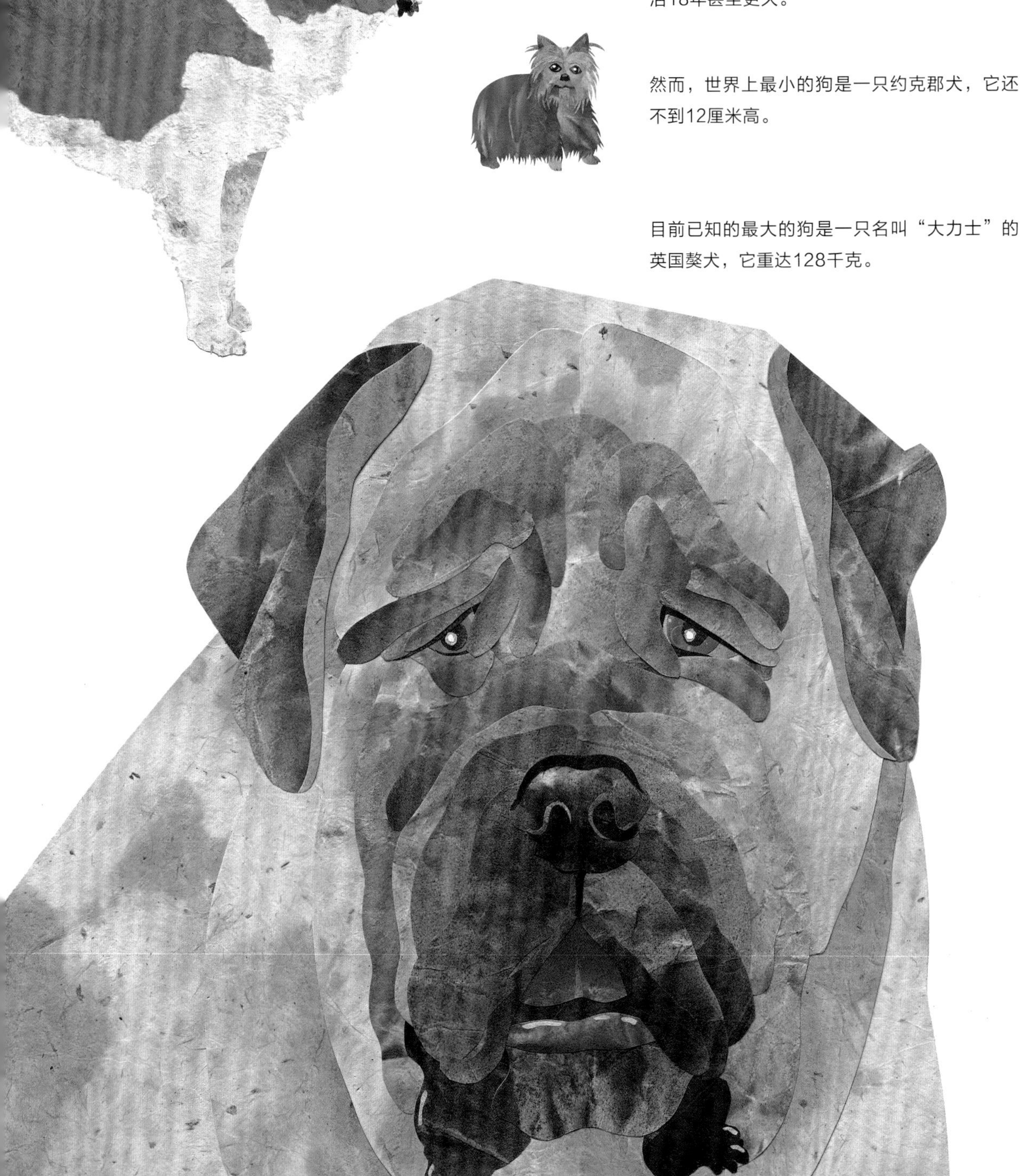

一只来自苏联的名叫“莱卡”的狗是第一只进入太空的地球生物。1957年，莱卡搭乘人造卫星进入太空。但非常遗憾的是，由于无法带它返回地球，它最后死在了太空舱中。

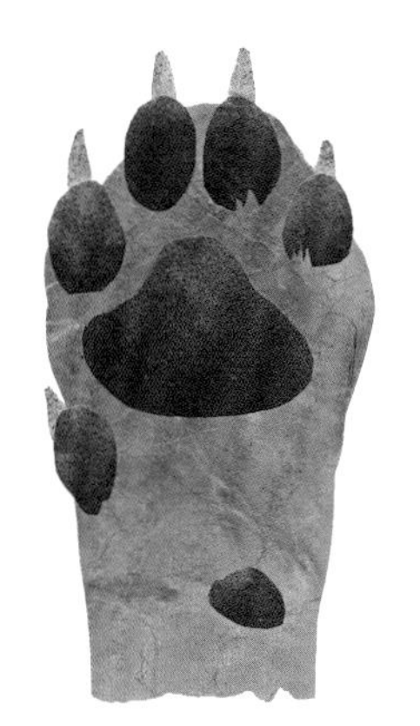

与人类不同，狗不能通过皮肤出汗。狗很热时，会大口喘气，同时通过脚上的肉垫来排汗。

在古代中国，人们喜欢把小狗放在长袍的袖筒里来暖手。

所有的小猫刚生下来时眼睛都是灰蓝色的。

大多数的狗都很友好而温顺，但也有少数狗会咬人。每年都有数千人被狗咬伤，有些人甚至因此丧命。记住，在逗弄一只陌生的狗之前，要先询问狗主人这只狗是否友善温和。而且，即使得到肯定答案，也应该动作轻缓地接近狗，不要突然做动作或是大声呼喊，这可能会惊吓到它。

狗也会做梦。有时狗睡着了还会突然转动眼球，它的腿也可能突然抽搐一下，还可能偶尔哀鸣或吠叫几声。可没有人知道狗到底梦到了什么。

狗的平均寿命是14年，而小型犬通常比大型犬活得更久。有许多方法能将狗的年龄折算成人类的年龄。这里有一个简单的公式：
狗的第一年= 人类15年
狗的第二年= 人类9年
狗之后的每一年= 人类4年
这样，一只4岁的狗=（15 + 9 + 4 + 4），约等于人类的32岁。

目前已知的最长寿的狗是一只名叫“贝鲁伊”的澳大利亚牧牛犬。它活了29年零5个月，折算成人类寿命的话，约等于134岁。

在加拿大纽芬兰，人们培育出一种长着蹼足的大型犬，用于帮助渔民拉网和营救溺水的水手。如今，一些纽芬兰犬仍然作为官方救生员活跃在英国、意大利和美国。

巧克力对狗来说是有毒的。一小块巧克力就可以杀死一只小狗。

世界上大约有4亿只狗，5亿只家猫。

边境牧羊犬

有一个衡量狗智力的好办法，就是看它掌握新技能的速度有多快。例如，训练狗一听到铃铛声就去叼球，如果它做得好，就给它奖励。需要重复这一系列动作多少次狗才能明白该做什么呢？基于类似的测试，可以得出结论：最聪明的狗分别是边境牧羊犬、贵宾犬、德国牧羊犬和金毛寻回犬。大多数专家都认为，最笨的狗是阿富汗猎犬。

阿富汗猎犬

是朋友还是敌人?

野生的猫和狗根本没办法和平相处——它们天生不和，互相争夺有限的食物来源。然而，作为宠物的它们常常住在一起。它们可能对彼此视而不见，也可能像好朋友那样一起玩耍。

如果你想了解关于猫的内容，就把本书翻转到另一面开始阅读。

是朋友还是敌人?

野生的猫和狗根本没办法和平相处——它们天生不和，互相争夺有限的食物来源。然而，作为宠物的它们常常住在一起。它们可能对彼此视而不见，也可能像好朋友那样一起玩耍。

如果你想了解关于狗的内容，就把本书翻转到另一面开始阅读。